BEI GRIN MACHT SICH IHR WISSEN BEZAHLT

- Wir veröffentlichen Ihre Hausarbeit, Bachelor- und Masterarbeit

- Ihr eigenes eBook und Buch - weltweit in allen wichtigen Shops

- Verdienen Sie an jedem Verkauf

Jetzt bei www.GRIN.com hochladen und kostenlos publizieren

Karl Krauss

Bevölkerungsentwicklung in Deutschland seit der Wiedervereinigung

GRIN Verlag

Bibliografische Information der Deutschen Nationalbibliothek:

Die Deutsche Bibliothek verzeichnet diese Publikation in der Deutschen National-
bibliografie; detaillierte bibliografische Daten sind im Internet über http://dnb.d-
nb.de/ abrufbar.

Impressum:

Copyright © 2004 GRIN Verlag GmbH
Druck und Bindung: Books on Demand GmbH, Norderstedt Germany
ISBN: 978-3-640-27262-4

Dieses Buch bei GRIN:

http://www.grin.com/de/e-book/32579/bevoelkerungsentwicklung-in-deutschland-
seit-der-wiedervereinigung

GRIN - Your knowledge has value

Der GRIN Verlag publiziert seit 1998 wissenschaftliche Arbeiten von Studenten, Hochschullehrern und anderen Akademikern als eBook und gedrucktes Buch. Die Verlagswebsite www.grin.com ist die ideale Plattform zur Veröffentlichung von Hausarbeiten, Abschlussarbeiten, wissenschaftlichen Aufsätzen, Dissertationen und Fachbüchern.

Besuchen Sie uns im Internet:

http://www.grin.com/

http://www.facebook.com/grincom

http://www.twitter.com/grin_com

Bevölkerungsentwicklung in Deutschland seit der Wiedervereinigung

Krauß, Karl
Geographie Diplom
2. Semester

Unterseminar Wirtschafts- und Sozialgeographie

SS 2004

I

Inhalt

Abbildungsverzeichnis

Abbildungsverzeichnis

1   Einleitung

Die vorliegende Arbeit beschäftigt sich mit der Bevölkerungsentwicklung in Deutschland seit der Wiedervereinigung. Begonnen wird dabei mit einer kleinen Einleitung als Einführung in das Thema. Im zweiten Teil wird näher auf die verschiedenen Formen der Bevölkerungsbewegung eingegangen. Einerseits die demographische Entwicklung in Deutschland bzw. in den einzelnen Bundesländern und zum anderen   die Migration, d.h.   die Bevölkerungswanderung innerhalb Deutschlands und deren Auswirkung. Im dritten Teil wird versucht ein Fazit aus den Ergebnissen der Arbeit zu ziehen und eine Ausblick in die Zukunft zu geben.

Die signifikantesten Veränderungen der Bevölkerungsentwicklungsprozesse traten nach der Wiedervereinigung in den neuen Bundesländern auf. Aus diesem Grund wird in meiner Arbeit hauptsächlich der Ost- West Vergleich und die unterschiedlichen regionalen Folgen für die Bevölkerung, Wirtschaft usw. thematisiert. Wobei auch   Unterschiede zwischen den einzelnen Bundesländern (Nord- Süd -Gefälle) herausgestellt werden.

Unter dem Begriff Bevölkerungsentwicklung werden in der Regel die zwei Arten der Bevölkerungsbewegung zusammengefasst (vgl. LESER, 2001, S.81). Zum einen die natürliche Bevölkerungsbewegung die sich aus der Differenz von Geburten- und Sterbefällen ergibt. Darunter versteht man auch häufig den „demographischen Prozess". Zum anderen die räumliche Bevölkerungsbewegung die man auch als Wanderung oder Migration bezeichnet. Allgemein gilt das die Bedeutung der Wanderung zunimmt, „je kleiner und differenzierter der zu betrachtende Raum ist" (KULS W. et al., 2000, S.125). Die Wanderungsprozesse können in Außen- und Binnenwanderungsprozesse unterteilt werden. Wichtig für die vorliegende Arbeit sind vor allem die Binnenwanderungsprozesse da ein Wanderungsvergleich innerhalb Deutschlands bzw. zwischen den einzelnen Bundesländern vorgenommen werden soll.

2 Bevölkerungsentwicklung

2.1 Demographische Entwicklung

2.1.1 Definition und Prozess

Die natürliche Bevölkerungsbewegung die sich aus der Differenz der Geburten und der Sterbefälle zusammensetzt wird auch als demographische Entwicklung bezeichnet. „Die Zusammensetzung der Bevölkerung nach den natürlichen demographischen Merkmalen Alter und Geschlecht ist von grundlegender Bedeutung nicht nur für die Bevölkerungsentwicklung; sie wirkt sich in entscheidendem Maße auch auf soziale und ökonomische Strukturen aus" (KULS et al, 2002, S.67).

Um die Anzahl der Geburten in einem Land in das Verhältnis zu seiner Bevölkerung zu setzen gibt es mehrere Möglichkeiten bzw. Maßzahlen. Die drei gebräuchlichsten Messverfahren unterteilen zwischen: Geburtenrate, Fruchtbarkeitsrate und Nettoreproduktionsrate. Gemeinsam ist ihnen allen, dass sie meist die Ereignisse innerhalb eines Jahres angeben.

Allgemeine Geburtenrate (oder Geburtenziffer):

$$\frac{\text{Lebendgeborene innerhalb eines Zeitraumes} * 1000}{\text{Mittlere Bevölkerung des Berechnungszeitraumes}}$$

Allgemeine Fruchtbarkeitsrate:

$$\frac{\text{Lebendgeborene} * 1000}{\text{Zahl der Frauen im Alter zwischen 15 und 45(49) Jahren}}$$

Nettoreproduktionsrate:

$$\frac{\text{Lebendgeborene Mädchen}}{\text{Zahl der Frauen im Alter zwischen 15 und 45 (49) Jahren}} *$$

(vgl. KULS et al, 2002, S.125ff)

* unter Berücksichtigung der in diesem Alter gestorbenen Frauen

Die zweite große Determinante der natürlichen Bevölkerungsbewegung ist die Sterblichkeit (Mortalität) bzw. die durchschnittliche Lebenserwartung der Bevölkerung. „Um das Ausmaß der Sterblichkeit zu messen, werden entsprechend wie bei den Geburten Sterbeziffern verwendet, d.h. es wird die Zahl der Gestorbenen innerhalb eines Jahres je 1000 der mittleren Bevölkerung angegeben" (KULS et al, 2002, S.151). Das Ergebnis dieser Berechnung ist die sogenannte *rohe Sterbeziffer*. Allerdings ist hierbei noch keine Alters- und geschlechterspezifische Differenzierung erfolgt was einen aufschlussreichen Einblick in den Bevölkerungsvorgang erschwert. Um diese Einflussfaktoren zu berücksichtigen berechnet man die nach Alterskohorten und Geschlecht getrennte durchschnittliche Lebenserwartung, die angibt „wie viel Jahre Menschen bestimmten Alters (Neugeborene, Angehörige von Altersjahrgängen oder Jahresgruppen) von der Bevölkerung eines Landes (Raumes) durchschnittlich noch bis zu ihrem Tode vor sich haben" (KULS et al. 2002, S.152).

Rohe Sterbeziffer:

$$\frac{\text{Zahl der Gestorbenen innerhalb eines Zeitraumes} * 1000}{\text{Mittlere Bevölkerung des Berechnungszeitraumes}}$$

Durchschnittliche Lebenserwartung:

$$\frac{\text{Addiertes Todesalter} *}{\text{Angehörige des Altersjahrganges}}$$

(Abb. d. Verf. nach KULS et al, 2002, S.151f)

In Deutschland sind zwei gegensätzliche Trends zu beobachten. Einen Geburtenrückgang auf der einen Seite und einen Anstieg der Lebenserwatung auf der anderen Seite. „Seit 1972 ist in Deutschland die Zahl der Geburten niedriger als die der Sterbefälle. Die geburtenschwachen Jahrgänge kommen nun in das Alter, in dem sie die Elternrolle übernehmen sollten. Nichts deutet darauf hin dass sie mehr Kinder haben werden" (BECKSTEIN, 2002, S.10). Durch diesen Effekt schrumpft die Bevölkerung von Generation zu Generation während sie gleichzeitig immer älter wird.

---

* aus Sterbetafeln usw.

2.1.2 Ursachen des Geburtenrückgangs und der gestiegenen Lebenserwartung

Häufig wird im Zusammenhang mit der gesunken Geburtenrate und der steigenden Lebenserwartung vom demographischen Übergang und dem Prozess der Modernisierung gesprochen. Dieses Modell das sich in vier bzw. fünf Phasen gliedert erklärt die aktuelle Situation in Deutschland und anderen Industriestaaten jedoch nur marginal, da selbst in der vierten bzw. fünften Phase die Geburtenziffer noch leicht über den Sterbeziffern liegen soll. Dies ist in Deutschland wie oben beschrieben seit ca. drei Jahrzehnten nicht mehr der Fall.

GEIßLER(2002, S.57) unterteilt die Ursachen für den Geburtenrückgang in Deutschland in vier strukturelle Trends:

1. Funktions- und Strukturwandel der Familie
2. „Emanzipation" und „Enthäuslichung" der Frau
3. Konsumdenken und anspruchsvoller Lebensstil
4. Strukturelle Rücksichtslosigkeit der Familie

Darüber hinaus nennt er sechs weitere Ursachenkomplexe die unterschiedlich gewichtet werden können:

5. Scheu vor langfristigen Festlegungen
6. Emotionalisierte und verengte Paarbeziehung
7. Zunehmende gesellschaftliche Akzeptanz von Kinderlosigkeit
8. Gestiegene Ansprüche an die Elternrolle
9. Rationalisierung und Familienplanung
10. Ungünstige Wirtschaftslage und Arbeitslosigkeit

Vergleicht man die zwei deutschen Gesellschaften vor der Wiedervereinigung anhand ihrer Fruchtbarkeitsrate so lassen sich erhebliche Unterschiede feststellen (vgl. Abb.). In beiden Gesellschaften kam es Anfang der siebziger Jahre zum sogenannten „Pilleknick" und dem damit verbundenen Einbruch der Geburtenziffer. Allerdings war dieser Rückgang in der DDR geringer ausgeprägt als in der BRD und in den späten siebziger Jahre konnte in der DDR ein zweiter Babyboom verzeichnet werden. Erstaunlich ist, das dies trotz niedrigerer Lebensstandards, beengterer Wohnverhältnisse, einer hohen Erwerbsquote der Frauen und Legalisierung des Schwangerschaftsabbruchs geschah (vgl. GEIßLER, 2002, S.59).

Der starke Einbruch der Geburtenziffern nach dem Zusammenbruch der DDR und dem Prozess der deutschen Wiedervereinigung wird auch häufig als *demografische Krise* bezeichnet. „Wurden 1989 noch ungefähr 200.000 Kinder geboren, so kamen 1994 nur noch knapp 80.000 zur Welt. Damit fiel die Zahl der Geburten innerhalb weniger Jahre um 60%!" (GEIßLER, 2002, S.55). Die oben genannten Ursachen für den allgemeinen Geburtenrückgang der letzten dreißig Jahre spielen auch hinsichtlich des Geburteneinbruchs in Ostdeutschland eine Rolle. Allerdings wirkten sich andere Faktoren in noch stärkerem Maße aus. So kann die Unsicherheit mit der neuen Situation nach der Wende als Hauptaspekt für den Geburtenrückgang betrachtet werden. Frauen mit Kindern trugen ein großes Risiko ihren Arbeitsplatz zu verlieren. Andere Frauen verschoben oder verabschiedeten sich von ihrem Kinderwunsch um ihre Chancen auf dem Arbeitsmarkt zu erhöhen. Verschärft wurde diese Situation durch den teilweisen Wegfall von Kinderbetreuungseinrichtungen, was ein erhebliches Erschwernis, Kinder und Arbeit zu verbinden, darstellt (vgl. GEIßLER, 2002, S.56). Es spielte jedoch auch ein weiterer Aspekt eine große Rolle: die sogenannte *neue Freiheit* die, die Individualisierung der Personen im Osten meint. Vielfältige Möglichkeiten sich privat zu Verwirklichen, Reisen zu machen und ähnliches führen zu einer späteren Entscheidung für Kinder oder verhindern diese ganz. „Langfristig dürfte eine weitere allmähliche Annäherung an das niedrige Geburtenniveau der alten Länder erfolgen" (GEIßLER, 2002, S.56).

Abb. 3.2: *Geburten je 100 Frauen*

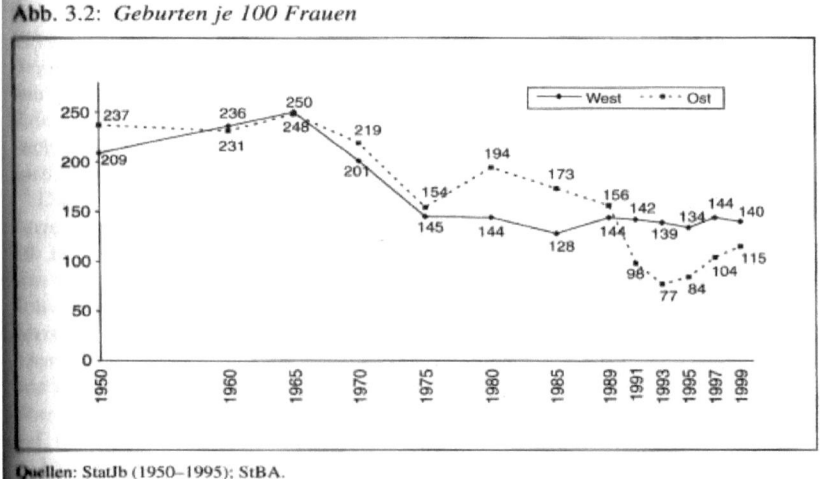

Quellen: StatJb (1950–1995); StBA.

Abb.1   *Quelle: GEIßLER, 2002, S.53*

„Es gibt kaum ein Wort bei dem Politik, Wirtschaft und Kommunen soviel Unbehagen verspüren, wie bei dem Wort von der alternden Gesellschaft, die unaufhörlich fortschreitet und durch nichts wirksam kompensiert werden kann. Die Alterung geht nun schon seit Jahren schleichend vor sich und wird in Zukunft Altenpläne, Gesundheitspolitik und die jeweiligen Beitragssätze zur Rentenversicherung unter Druck setzen"(SCHMID, 2002, S.26).

Aktuell haben in Deutschland Männer ein Lebenserwartung von 74,4 Jahren und Frauen von 80,6 Jahren. Damit ist die Lebenserwartung um rund 30 Jahre allein während des 20. Jahrhunderts gestiegen. Für die Verringerung der Säuglingssterblichkeit und die damit gestiegene Lebenserwartung wird hauptsächlich eine Verbesserung der medizinischen Versorgung, Hygiene, Unfallverhütung sowie die allgemeine Wohlstandssteigerung verantwortlich gemacht (vgl. GEIßLER, 2002, S.59f).

Zwischen der DDR und der BRD gab es kleine Unterschiede der durchschnittlichen Lebenserwartung. So starben Männer 1988 in der DDR im Schnitt 2,4 Jahre, Frauen 2,7 Jahre eher als in der Bundesrepublik. Welche Ursachen hierfür verantwortlich sind ist nicht eindeutig geklärt. Man geht jedoch davon aus, dass eine etwas schlechtere medizinische Versorgung, der geringere Lebensstandard sowie eine höhere Selbstmordrate in der DDR ursächlich dafür sind. Seit der Wiedervereinigung hat sich die Lebenserwartung der Ostdeutschen auf 1,8 Jahre (Männer) bzw. 0,75 Jahre (Frauen), angeglichen (vgl. GEIßLER, 2002, S.60f).

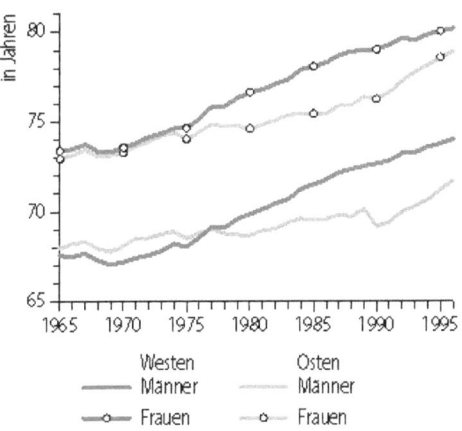

Abb.2   Quelle: www.drk-lahde.de

2.1.3 Veränderungen in den Bundesländern und deutschlandweit

Aktuell sind die Folgen des Geburtenrückgangs in Deutschland noch nicht im extremen Maße spürbar. Natürlich sieht man beim Anblick des Altersstrukturbaumes starke Veränderungen, von der „Tanne" am Anfang des letzten Jahrhunderts zur „henkellosen Krug", auf die sich Deutschland in wenigen Jahrzehnten hinbewegt haben wird. Allerdings konnte der absoluten Bevölkerungsabnahme bisher durch Einwanderungsüberschüsse entgegengewirkt werden (vgl. GEIßLER, 2002, S.66). Doch auch durch Zuwanderung kann der Trend der Gesellschaftsalterung nur minimal verlangsamt und nicht aufgehalten werden. „Das Durchschnittsalter ist in Westdeutschland von 1960 bis 1999 von 36 auf 41 Jahre angestiegen, der Anteil der höheren Altersgruppen ist immer größer geworden" (BECKSTEIN, 2002, S.11). Im Jahre 2000 waren Baden- Württemberg und Bayern die einzigen Bundesländer Deutschlands die einen, wenn auch nur sehr schwachen, Geburtenüberschuss aufweisen konnten (vgl. Stat. Jb., 2002, S.58). Im Jahr 2002 war es nur noch Baden-Württemberg mit ca. 4.000 Geburten (ca. 0,04% der Bevölkerung) mehr als Todesfällen (vgl. www.destatis.de). Die neuen Bundesländer (ohne Berlin) weisen durch die oben genannten Gründe die höchsten Sterbeüberschüsse auf und schrumpfen allein aufgrund dessen jährlich zwischen 0,2 – 0,5% (vgl. www.destatis.de). Durch die starken Geburteneinbrüche nach der Wiedervereinigung und die auch heute noch etwas niedrigere Geburtenziffer, wird die nächste Generation in den neuen Ländern um ca. die Hälfte kleiner sein als die Eltern-Generation. In den alten Bundesländern wird sie sich etwa um ein drittel verringern (vgl. GEIßLER, 2002, S.56). Bei Betrachtung des Arbeitsmarktes zeigt sich das diese Entwicklung, aufgrund der aktuell sehr hohen Arbeitslosigkeit in Deutschland, in den nächsten ein bis zwei Jahrzehnten kaum spürbar sein wird. „Notwendig und vorrangig ist in der nahen Zukunft eine Aktivierung der hiesigen Potenziale, denn es gibt noch erhebliche Personalreserven auf dem hiesigen Arbeitsmarkt (Arbeitslose, stille Reserve, andere Nichterwerbstätige)" (BECKSTEIN, 2002, S. 11).

Veränderungen durch den Geburteneinbruch, Anfang der neunziger Jahre in den neuen Bundesländern, sind heute schon anhand von Schließungen der Kindertagesstätten und Schulen zu erkennen. „Die Probleme dieses „Einbruchs" bleiben, nur die Titel ändern sich: Aus Kitas werden Grundschulen, Schulen, Gymnasien, Berufsschulen, Hochschulen, Arbeitsnachfrage, Erwerbspotenzial" (www.wiwi.uni-rostock.de, 2002).

2.2 Migration

2.2.1 Definition und Prozess

Nicht jede räumliche Bewegung des Menschen, wie z.b. Einkaufen, Urlaubsfahrten usw. können unter dem Begriff Wanderung oder Migration zusammengefasst werden. In der heutigen Zeit erscheint es zweckmäßig den Wohnungswechsel als entscheidendes Kriterium zu verwenden. Unberücksichtigt bleiben dabei: "Bewegungen von Sammlern, Jägern, Nomaden oder auch Wanderfeldbauern, die tägliche oder wöchentliche Pendelwanderung, Geschäftsreisen und alle jene räumlichen Bewegungen, die mit Freizeit und Urlaub verbunden sind" (KULS W. et al., 2000, S.184 f).

„Wanderungen bilden neben der natürlichen Bevölkerungsbewegung den zweiten Bestimmungsfaktor für Veränderungen von Zahl und Zusammensetzung der Bevölkerung innerhalb begrenzter Räume..." (KULS et al., 2000, S.183).

In Ländern die eine sehr geringe Geburtenrate haben, wie z.b. Deutschland bestimmen Wanderungsprozesse maßgeblich die Bevölkerungsstruktur.

Wie schon erwähnt lässt sich zwischen Außen- und Binnenwanderung unterscheiden. Die Außenwanderung beschreibt den Zuzug von Ausländern nach Deutschland sowie den Fortzug Deutscher ins Ausland. Sie ist hauptsächlich für das Bevölkerungswachstum der letzten fünfzig Jahre in der BRD sowie im heutigen Deutschland verantwortlich. Wobei die Zuzüge aus dem Ausland nicht immer freiwillig erfolgten. Viele der heute in Deutschland lebenden Ausländer kommen aus Kriegs- oder Krisenregionen aus denen sie flüchten mussten (vgl. GEIßLER, 2002, S. 67).

Die Binnenwanderung bezeichnet die Wanderungen innerhalb eines Landes. Dies kann die Wanderung zwischen Stadt- und Landkreisen aber auch zwischen verschiedenen Bundesländern sein. Birg definiert dies in seiner Migrationanalyse so: „Unter dem Begriff Wanderungen verstehen wir im folgenden alle zwischengemeindlichen Wohnsitzverlagerungen. Da der Wohnsitz mehrmals pro Jahr gewechselt werden kann, ist die Zahl der Wanderungsfälle in der Regel größer als die Zahl der gewanderten Personen (Migranten)" (BIRG et al, 1998, S.5).

2.2.2 Hauptaspekte für Wanderung

Es gibt viele Arten Wanderungen einzuteilen. Eine soziologische Typisierung erfolgte 1958 von W. Petersen. Er unterscheidet vier Determinanten für Wanderungen. Zum einen den ökologischen Druck, politische Wanderung, Streben nach Besserem und die sozialen Verhältnisse. Innerhalb dieser Einteilung wird noch zwischen konservativen und innovativen Wanderungstypen unterschieden. „Als konservativ ist dabei jene Wanderung zu verstehen, die – wenn nicht erzwungen – von Menschen als Reaktion auf Veränderungen ihrer Lebensbedingungen im bisherigen Siedlungsraum durchgeführt wird" (KULS et al., 2002, S.195). Es wird gewandert um bisherige Lebensbedingungen bei zu behalten. „Innovativ bedeutet dagegen eine weitgehende Umstellung, einen Neubeginn im Zielgebiet, mit dem man die eigene Situation verändern und verbessern will" (KULS et al., 2002, S.195).

5.5 Zur Typisierung von Wanderungen 195

Beziehung	Ursache der Wanderung	Art (Klasse) der Wanderung	Wanderungstypus konservativ	innovierend
Natur und Mensch	ökologischer Druck	ursprünglich	Wanderung - Ranging -	Landflucht
Mensch und Staat (oder Äquivalent)	Wanderungs- politik	gewaltsam zwangsweise	Verschleppung Flucht	Sklavenhandel Kuli-Handel
Mensch und seine Normen	Streben nach Besserem	freiwillig	Gruppenwanderung	Pioniere
Kollektives Verhalten	Soziale Verhältnisse	massenhaft	Besiedlung	Verstädterung

Abb.3   *Quelle: KULS et al., 2002, S.195*

Wesentliche Unterschiede bei Außen- und Binnenwanderung sind vor allem zwischen den neuen und den alten Bundesländern festzustellen. Die Außenwanderung ins deutsche Bundesgebiet konzentriert sich nach wie vor auf die alten Bundesländer. So stieg der Anteil der Ausländer an der Gesamtbevölkerung seit 1990 in den alten Bundesländern von ca. 7,3 % auf 10,3% (2000), in den neuen Bundesländern erhöhte er sich von ca. 1,0% (1990) auf 2,4% (2000) (vgl. GEIßLER, 2002, S.283). Als Hauptgrund für dieses unterschiedliche Wachstum in wird von Geißler die hohe Arbeitslosigkeit im Osten genannt, die eine Zuwanderung weitgehend blockiert. „Zudem sind die ostdeutschen Regionen aufgrund vorhandener Integrationsprobleme, die u.a. in engem Zusammenhang mit den vielfältigen wirtschaftlichen und sozialen Problemen dieser Regionen und den vergleichsweise geringen Erfahrungen der Ostdeutschen im Zusammenleben mit Ausländern zu sehen sind, für Zuwanderer wohl auch weniger attraktiv" (MARETZKE, 1998, S.745). Die Fortzüge aus dem Bundesgebiet ins Ausland liegen seit 1990 bei jährlich ca. 700.000 Personen und ist damit unter dem der Zuzüge (ca. 800.000 bis 1.500.000 jährlich) (vgl. Statistisches Bundesamt, 2002, S. 77).

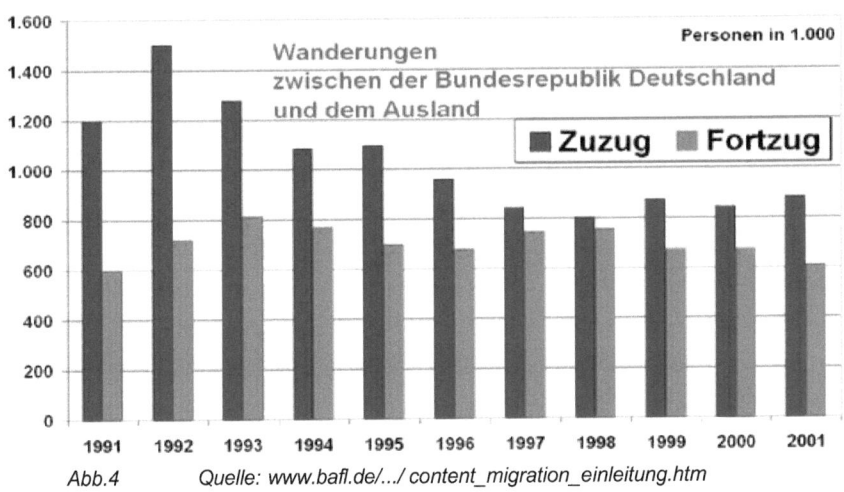

Abb.4   Quelle: www.bafl.de/.../ content_migration_einleitung.htm

Die Binnenwanderung innerhalb Deutschlands hat sich mit der Wiedervereinigung in starkem Maße erhöht. Durch gravierende ökonomische und soziale Disparitäten, die sich zwischen DDR und BRD im Laufe der Jahre gebildet hatten, kam es insbesondere in den ersten Jahren nach der Wiedervereinigung zu starken Abwanderungen der Ostdeutschen in den Westen (MARETZKE, 1998, S. 763).

„Insgesamt siedelten von 1989 bis 2000 über 2,6 Millionen Ostdeutsche nach Westdeutschland über" (GEIßLER, 2002, S.77). In der gleichen Zeit setzte eine Gegenbewegung ein bei der ca. 1,4 Millionen Westdeutsche in den Osten übersiedelten (GEIßLER, 2002, S.77). Als Hauptursache für die Abwanderung der Ostdeutschen in den Westen wurden und werden immer wieder die Strukturschwäche der Ostregionen sowie das Wohlstandsgefälle zwischen Ost und West genannt. Für den entgegengesetzten Trend der West- Ost Wanderung waren zum einen die Rückkehrer aber vor allem gut ausgebildete westdeutsche „Chancensucher" die im Osten leitende Positionen in Verwaltung, Justiz, Universitäten und der Wirtschaft übernahmen verantwortlich (vgl. GEIßLER, 2002, S.77). Dies führte zu einem annähernden Ausgleich der Ost- West Wanderungsbilanz in den Jahren 1996 und 1997. Allerdings steigt seit diesem Zeitpunkt die Zahl der Fortzüge aus dem Osten wieder während die Zuzüge aus dem Westen abnehmen (Negativsaldo 2000: 61000) (vgl. GEIßLER, 2002, S.77). Dies kann daran liegen das der Wirtschaftliche Aufschwung in den neuen Ländern ins Stocken geraten ist und die sozioökonomischen Unterschiede sich wieder vergrößern. Am stärksten von der Abwanderung in den Westen betroffen sind vor allem die ökonomisch schwächsten Ostregionen, Sachsen- Anhalt und Mecklenburg-Vorpommern (GEIßLER, 2002, S.77).

Auch die Wanderungsmuster weisen zwischen Ost- West erhebliche Unterschiede auf. Zum einen gibt es noch erhebliche Differenzen im Mobilitätsniveau zwischen neuen- und alten Bundesländern. Das ca. 25% geringere Mobilitätsniveau der Ostdeutschen wurde in der ehemaligen DDR durch umfassende Soziale Absicherung sowie dem Fehlen eines Arbeits- und Wohnungsmarktes herausgebildet (vgl. MARETZKE, 1998, S.745). Während sich in den alten Ländern Suburbanisierung und Dekonzentration schon seit Jahrzehnten die Grundlage der Raumentwicklung darstellen, gab es in Ostdeutschland eine Zentrenorientierung die zu einer kontinuierlichen Konzentration der Bevölkerung in den Zentren führte (vgl. MARETZKE, 1998, S.745). Allmählich nähern sich die Wanderungsmuster der Ost- und

Westdeutschen einander durch eine steigende Suburbanisierung ostdeutscher Kernstädte an, wobei der ländlich Raum Ostdeutschlands immer noch hohe Binnenwanderungsverluste verzeichnet (vgl. MARETZKE, 1998, S. 752). In der früheren BRD aber auch im heutigen Deutschland lässt sich außer den hier aufgeführten Ost-West und West- Ost Wanderungen ein Nord- Süd- Trend erkennen. Dieser beruht auf hauptsächlich auf den Faktoren: Günstige Arbeitsmarktsituation, gute Ausbildungseinrichtungen und renommierte Universitäten sowie hoher Freizeitwert (vgl. BIRG H. et al., 1998, S.10). Dieser Trend ist sowohl in den alten Ländern mit den wirtschaftlich starken Regionen Bayern und Baden- Württemberg als auch in den neuen Ländern konzentriert auf Sachsen und Thüringen zu erkennen.

Abb. 3.6: Abflauen des Abwanderungsdrucks

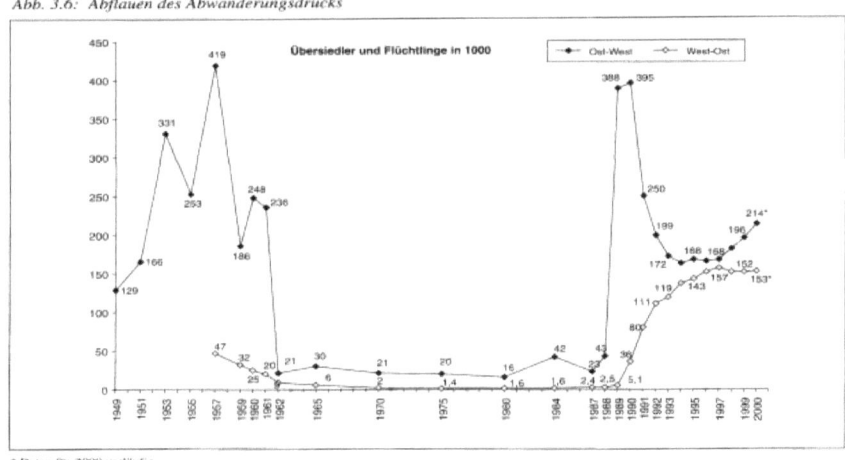

* Daten für 2000 vorläufig
Quelle: StBA

Abb.5   *Quelle: GEIßLER, 2002, S.77*

2.2.3 Veränderungen in den Bundesländern

Von hoher Priorität, um festzustellen wie sich die Lage der einzelnen Bundesländer seit der Wiedervereinigung verändert hat, ist es, zu erfassen welche Bevölkerungsschichten gewandert sind bzw. wie alt diese waren.

Bei Außen- und Binnenwanderungen zeigte sich in den Jahren nach der Wiedervereinigung eine starke Konzentration der unter dreißigjährigen. Demzufolge haben westdeutsche Regionen, die Wanderungsgewinne verbuchen konnten, sich in ihrer Altersstruktur spürbar verjüngt, während dies in Ostdeutschland zu einer Beschleunigung des Alterungsprozesses der Bevölkerung führte (vgl. Maretzke, 1998, S.74). Dieser Effekt erzeugte in vielen Gebieten der neuen Bundesländer erhebliche Verluste der erwerbsfähigen Bevölkerung. „Im Osten droht die Gefahr, dass gerade durch den Weggang von jungen und qualifizierten Menschen der Eindruck entsteht in einer Region im Abseits, ... zu leben. Laut einer Umfrage des Allensbach- Instituts erwägen 56% der jungen Ostdeutschen, in den Westen überzusiedeln, und 24% sollen dazu neigen, solche Überlegungen in den nächsten Jahren auch in die Tat umzusetzen"(Geißler, 2002, S.78).

Ein auffallendes Beispiel für die Veränderung der Alters- aber auch der Geschlechtsstruktur durch Migration ist Mecklenburg –Vorpommern.

In **Mecklenburg- Vorpommern** ist die Zahl der Bevölkerung zwischen 1990 und 2001 um ca. 10% geschrumpft. Dies lag zum einen an einem Sterbeüberschuss, d.h. es wurden weniger Personen geboren als starben, aber vor allem an extremen Wanderungsverlusten gegenüber den alten Bundesländern (vgl. www.wiwi.uni-rostock.de, o.J.). Dies kann auch nicht durch einen geringen Wanderungsgewinn gegenüber dem Ausland ausgeglichen werden. Wenn man nun betrachtet wer gewandert ist, bzw. demografische Merkmale Alter und Geschlecht heranzieht kann man die Migrationverluste klarer beurteilen. „Mecklenburg-Vorpommern hat durch die Wanderungsverluste der 20- bis 30-jährigen jungen Menschen eine relative Abnahme von 20 bis 30 % (Anm. d. Verf.: zwischen 1990 und 2001) bei jungen Frauen und 10 bis 20 % bei jungen Männern (www.wiwi.uni-rostock.de, o.J.). Durch diesen Trend wird die junge Generation der Erwerbsfähigen in Mecklenburg-Vorpommern immer geringer, während die Zahl der Rentner, durch ihre relativ stark besetzten Jahrgänge sowie in geringem Maße durch Zuzug Alter Menschen in attraktive Küstenorte, zunimmt (vgl. WEIß et al., 1998, S. 798).

13

Während sich in den meisten alten Bundesländern die Alterstruktur, durch Wanderungen, seit der Wende zugunsten der jungen Bevölkerung etwas verbessert hat sie sich in den neuen Ländern drastisch verschlechtert. Daraus ergeben sich erhebliche Probleme in den Ostregionen. Durch den Abwanderungsprozess kommen immer mehr Rentner auf immer weniger im Arbeitsprozess stehende Personen. Dies hat negative Folgen für die Sozialstruktur. Der sogenannte Generationenvertrag der vorsieht das die Jungen die Rente für die Alten zahlen funktioniert nicht mehr. Ein weiterer Punkt sind Wohnungsleerstände in vor allem in Städten und speziell Plattenwohnungen. Schon heute stehen 13% der Wohnungen in Ostdeutschland leer. Durch die Abwanderung vor allem junger Menschen werden immer mehr Bildungseinrichtungen geschlossen bzw. zusammengelegt. Dies führt dazu das Kinder, insbesondere in ländlichen Gegenden immer weitere Wege zurücklegen müssen um zur Schule zu kommen. Abnahme der Erwerbstätigen führt zu Steuerausfällen in den Ländern und Kommunen. Dadurch fehlen Mittel die zur Verbesserung der Infrastruktur oder für Bauaufträge benötigt werden. Qualifizierte Arbeiter wandern in die Zentren ab oder gehen in die alten Bundesländer. So entsteht in manchen Gebieten trotz hoher Arbeitslosigkeit ein Mangel an Fachkräften und Stellen können nicht besetzt werden (vgl. www.mittelstand-deutschland.de, o.J.).

3 Ausblick

Der Trend zur schrumpfenden und zunehmend überalternden Gesellschaft der Deutschen wird in den nächsten Jahrzehnten kaum aufzuhalten sein. Selbst wenn jährlich ein Wanderungsgewinn aus dem Ausland von ca. 200.000 Personen, ein konstantes Geburtenniveau von 1,4 und eine vier Jahre höhere Lebenserwartung erreicht wird, würde die Bevölkerung bis zum Jahr 2050 um rund zwölf Millionen auf 70 Millionen abnehmen. Der Anteil der unter 20- Jährigen würde von 1999 21,4% auf rund 16% zurückgehen. Im Vergleich dazu wird die Anzahl der über 65-Jährigen im selben Zeitraum von 16% auf 30% steigen (vgl. BECKSTEIN, 2002, S.11).
Um dem allgemeinen Trend der Überalterung und Bevölkerungsschrumpfung entgegenzuwirken werden von Bevölkerungswissenschaftlern zwei verschiedene Lösungen vorgeschlagen. Zum einen eine Erhöhung der Zuwanderung und zum anderen Maßnahmen zur Geburtenförderung. Die Bevölkerungsabteilung der

Vereinten Nationen hat eine Rechnung gemacht wie viel Zuwanderung nach Deutschland bis 2050 nötig wäre. Wollte man den Bevölkerungsstand von 82 Millionen halten bräuchte Deutschland einen Zuwanderungsüberschuss von jährlich 325.000 (ca. 1.000.000 Zuwanderer bei 6000.000 Fortzügen.

Will man den Stand der Erwerbsfähigen (15-64) bei 52 Millionen stabil halten, wäre ein Migrationstüberschuss von 460.000 Personen nötig. Bis 2050 entspräche das einer Zuwanderung von 25.000.000 Ausländern. Um mit der Zuwanderung das demografische Problem zu lösen, d.h. die Gruppe der über 65-Jährigen im gleichen Verhältnis wie heute zur Gruppe der 15- 64-Jährigen zu halten bräuchte man eine Zuwanderung von 3,4 Millionen Menschen jährlich. Bis 2050 müssten 188 Millionen Ausländer einwandern, dabei würde sich die Bevölkerung auf 300 Millionen vervierfachen (vgl. SCHMID, 2002, S.38).

Maßnahmen zur Geburtenförderung werden, wenn sie heute beschlossen und umgesetzt würden, frühestens in 15- 20 Jahren ihre Wirkung zeigen. „Hauptmaßnahmen beziehen sich weniger auf Kindergeld und Steuererleichterung, sondern auf Vereinbarkeit von Frauenerwerbstätigkeit und Mutterschaft, und Aufwertung der Familienleistung, d.h. sie für ebenso wichtig zu halten wie die Leistung der Erwerbstätigen zwischen 20 und 65" (SCHMID, 2002, S.42)!

In der nahen Zukunft muss die Politik vorrangig versuchen den Trend der Ost- West Wanderung zu stoppen, da sonst im Osten nicht reparable Folgen auf die Wirtschaftsentwicklung, und eine steigende Arbeitslosigkeit, eintreten. Dazu müssen bestimmte Standortfaktoren im Osten stärker unterstützt bzw. in den Vordergrund gestellt werden. Dazu gehört die, nach der Wende fast komplett neue Industrie mit ihren hochmodernen Maschinen, das modernste Telekommunikationssystem der Welt, die hohe Wachstumsdynamik der Industrie und nicht zuletzt die guten und nicht so überlaufenen Universitäten (vgl. www.mittelstand-deutschland.de).

Literaturverzeichnis

GEIßLER R. (2002): Die Sozialstruktur Deutschlands. 3. Aufl., Wiesbaden.

KULS W., F.-J- KEMPER (2000): Bevölkerungsgeographie. 3. Aufl., Stuttgart, Leipzig.

MARETZKE S., W. WEIß & A. HILBIG (1998): Wanderungen und regionale Trends. In: Information zur Raumentwicklung. H. 11/12, S.760-820.

LESER   H.(2001): Wörterbuch Allgemeine Geographie. 12. Aufl., München, Braunschweig.

Statistisches Bundesamt (2002): Statistisches Jahrbuch der Bundesrepublik Deutschland 2002. Stuttgart.

BECKSTEIN G. & J. SCHMID (2002): Demografische Herausforderung – Irrwege und Auswege. In: Politische Studien, 53 Jg., Sonderheft 2/2002, S10-43.

BIRG H., E.-J. FLÖTHMAN, F. HEINS u. I. REITER (1998): Migrationsanalyse. In: IBS-Materialien, Bd. 43, 2. Aufl. Bielefeld.

Bevölkerung 2002.
<http://www.destatis.de> (10.05.2004)

CORNELIUS I., H. FISCHER & U. KÜCK (2002): Wanderungsgeschehen zwischen Ost- und Westdeutschland: Baden-Württemberg und Mecklenburg-Vorpommern im Vergleich.
<http://www.wiwi.uni-rostock.de/~stat/sonstige/BW_MH_02-2003.pdf> (29.04.2004)

Binnenwanderung lässt neue Länder ausbluten. (ohne Autor)
<http://www.mittelstand-deutschland.de/DOWNLOAD/05-05-2001Abwanderung.htm> (01.05.2004)